WEGENER

————oooooOœèéoo————

RECHERCHES SUR LA NATURE DES COUCHES SUPÉRIEURES DE L'ATMOSPHÈRE –

————oooOooo————

Ce travail spéculatif fera date dans l'histoire de l'Aérologie. A côté d'imperfections et d'inexactitudes, il est rempli de vues ingénieuses. Le Service Météorologique Militaire a jugé utile de le traduire en langue française.

—————

PARIS – Août 1919

————oooooOOœoèo————

RECHERCHES SUR LA NATURE DES COUCHES -
SUPÉRIEURES DE L'ATMOSPHÈRE

---oo0oo---

INTRODUCTION.-

En 1903, Hahn calcula, d'après les données de Ramsay et Rayleigh sur les gaz rares de l'air, la composition de l'atmosphère pour les hauteurs de 10, 25, 50 et 100 Km. Le résultat fut qu'au sol se trouvent seulement de faibles traces d'H, mais qu'à 50 Km de hauteur, il y en a près de 14 % en volume, à 100 Km. 99 %, de sorte qu'ici l'atmosphère est presque entièrement composée d'H. Mais Hahn manquait de matériel pour pouvoir prouver la réalité de ces conclusions toutes théoriques et il ne présenta son travail que comme pouvant servir de guide à des travaux postérieurs. Humphrey, en 1909, reprit les calculs de Hahn avec des données améliorées sur la répartition verticale de la température et présente ses résultats sous forme de graphique. Il laisse totalement de côté la question de la réalité.

Indépendamment de ces travaux, j'ai formulé l'opinion suivante:
" Nous ne sommes aucunement autorisés à nier qu'il existe encore au-dessus de la grande limite de couches à 11 Km, d'autres limites de couches analogues et importantes.
....
Maintenant déjà, on peut émettre avec quelque vraisemblance l'hypothèse qu'une telle discontinuité dans la densité se trouve environ vers 70 - 80 Km de hauteur, notamment parce que c'est ici que les nuages du Krakatoa terminèrent leur ascension et parce que cette hauteur est à peu près celle jusqu'à laquelle on observe encore de la réflexion diffuse. "

Dans l'hiver 1909/10 j'ai, sans connaître le travail d'Humphrey repris les calculs de Hahn avec des intervalles plus rapprochés pour déterminer la composition de l'air à hauteur de la limite de couches présumée. Le résultat fut que, à cette hauteur, la composition de l'air se modifie extrêmement rapidement de sorte qu'on est autorisé à appeler atmosphère d'azote les couches inférieures et atmosphère d'hydr. les couches supérieures.

Au même moment et tout à fait indépendamment des travaux d'Humphrey et des miens, von den Borne fut conduit à admettre une atmosphère d'H par l'étude des remarquables phénomènes sonores de l'explosion de dynamite du chemin de fer de la Jungfrau.

Ce travail a pour but de réunir ces matériaux dispersés. Mais, de plus, on doit tenter de montrer que la composition de l'air présente à environ 200 Km. de hauteur une nouvelle modification brusque et qu'au dessus se trouve selon toute apparence une nouvelle atmosphère d'un gaz inconnu, plus léger que l'H et dont le spectre présente la raie verte 557 des aurores boréales. Il n'est pas invraisemblable que la région de ce nouveau gaz que nous nommerons géocoronium par analogie avec le coronium de l'atmosphère solaire soit en rapport immédiat avec le phénomène de lumière zodiacale; toutefois elle devrait alors constituer la gaine gazeuse extérieure de la terre, de sorte que par son étude on acquerrait une image complète et définitive de l'atmosphère terrestre.

[illegible]

[illegible]

[illegible]

[illegible]

[illegible]

[illegible]

[illegible]

CHAPITRE I - <u>LA LIMITE DE D'OMBRE À 70 KILOMETRES</u>

I - GRADIN DE REFLEXION DE LA LUMIERE
DANS L'ATMOSPHERE

Il est clair que, par suite des discontinuités dans la densité de l'air, il doit se produire des réfractions de lumière au crépuscule. Nous avons ainsi un moyen, par l'observation de ces réfractions, de déterminer les discontinuités de densité, par suite la limite de couches, à leur altitude. Par exemple la dénommée " premier arc du crépuscule " est manifestement identique avec la troposphère irradiée. Miethe et Lehmann trouvèrent que l'angle de dépression du soleil était de 2° lors de la disparition de ce premier arc, ce qui porte la hauteur de la couche réfractante à environ 11 km, c'est-à-dire à la hauteur correspondant à la limite de la troposphère et de la stratosphère.

Mais la plupart des observations de cette nature se rapportent à l'arc principal du crépuscule et conduisent à la considération d'une limite de couches située à environ 70 km. Puis, après cette " fin de crépuscule ", on reconnaît encore au-dessus de l'horizon, après le coucher du soleil, une très faible lueur bleue, de l'observation de laquelle Gee a déduit l'existence d'une couche réfléchissante à 214 km de hauteur.

Les observations relatives à l'arc principal du crépuscule qui sont les plus importantes sont réunies ici. Les nombres donnent les angles de dépression du soleil à l'instant où l'arc du crépuscule disparaît dans l'horizon.

Schmidt (Athènes)	16°3
Behrmann (Atlantique)	16°4
Bravais (France)	16°9
Bellmann (Espagne)	16°8
Liais (Atlantique)	17°4
Müller (-)	17°5
Bailey (Arequipa. Pérou)	17°5
Miethe et Lehmann (Assouan)	16°1
Galheim-Gyllenskjöld (Spitzberg)	17°7

Un examen critique de ces nombres montre qu'ils sont très probablement affectés d'une erreur systématique qui n'est pas sans importance et qui est due à ce que les couches inférieures montrent cachent le bord supérieur de l'arc avant qu'il ne soit sous l'horizon. Il est, à ce propos, très instructif de voir que les observations d'aubes, lors desquelles les couches inférieures sont plus transparentes, donnent des valeurs de beaucoup supérieures à celles que donnent les observations de crépuscules, ainsi que le montre le tableau suivant :

	Soir	Matin
Bravais	15°04'	17°02'
Assouan	14°44'	17°1'
Atlantique	15°18'	17°02'

Si nous prenons 17°5 comme valeur probable, nous trouvons, (sans tenir compte de la réfraction) 74 km pour la hauteur de la couche réfléchissante. (A l'angle de 16° correspondrait la hauteur de 65 km.)

Dans la figure I, cette limite de l'arc du crépuscule est indiquée.

II - LES NUAGES NOCTURNES LUMINEUX

A partir de 1885, on remarqua des nuages particuliers, ressemblant à des cirro-stratus qui rien que par leur vif éclairage hors
de l'arc principal du crépuscule semblaient être à une hauteur tout
à fait extraordinaire. Dès 1887, Jesse et Stolze par des procédés
photographiques, évaluèrent cette hauteur à 70-85 Km.

Par la suite ils devinrent de plus en plus rares et actuelle-
ment, ils sont considérés comme définitivement disparus depuis longtemps. Assez longtemps seulement après leur découverte, on doit
l'hypothèse acceptée généralement que leur présence tenait à la formidable éruption du Krakatoa dans le détroit de la Sonde en 1883.
Mais sur la nature de ces nuages, il règne aujourd'hui encore peu de
clarté. L'hypothèse qu'il s'agissait de produits de l'éruption du
Krakatoa fut présentée au moment où la stratosphère n'était pas encore découverte et où l'on admettait que la température diminuait

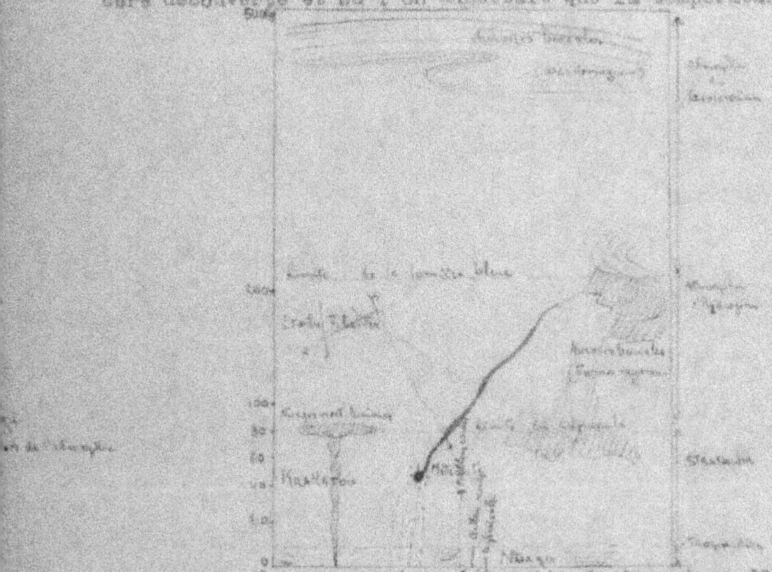

constamment à mesure qu'on s'élevait. Seulement en 1902 fut faite par
T. de B. à Paris et Assmann à Berlin la découverte que la diminution
de température s'arrête à environ 11 Km. de hauteur et que dans la
" Stratosphèrocsis" au dessus règne une température uniforme d'environ - 55° C.

De ce fait sort une grande difficulté à assimiler les nuages
nocturnes aux produits d'éruption; car pour percer cette couche iso-
therme jusqu'à l'énorme hauteur de 75 Km, il faut une énergie que
nous-même ne pouvions attribuer qu'à l'air surchauffé montant du
volcan. De plus, on a observé qu'en fait les colonnes de fumée lors
d'éruption ne s'élèvent que jusqu'à la stratosphère. Ces observations fournissent une preuve de l'existence de la limite entre tré-
posphère et stratosphère et elles furent faites à une époque où l'on
était loin de pouvoir fournir cette preuve à l'aide d'instruments
enregistreurs. Nous montrerons comment on peut répondre à cette ob-

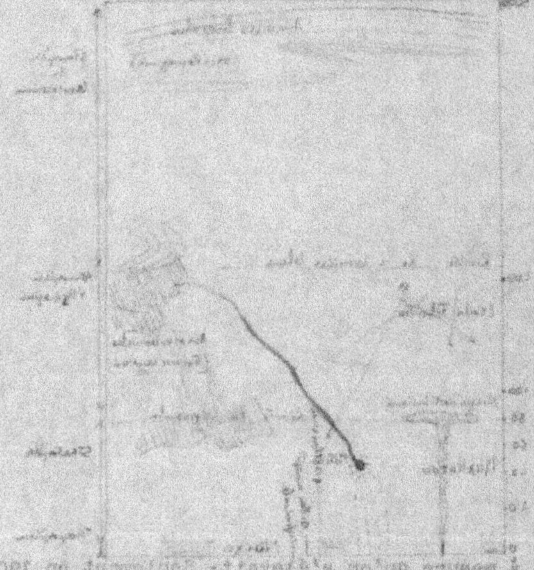

justion. Quant à la composition de ces nuages, on admet qu'il s'agit d'un produit d'éruption solide quelconque, ce qui est tout à fait insoutenable car comment croire que des particules solides aient pu se maintenir pendant plus de 6 ans à la même hauteur et d'une matière assez compacte pour apparaître sous forme de nuages. Nous essaierons également d'expliquer ce point par la suite.

Tout d'abord ne serait-il pas superflu de donner quelques exemples pour la remarque que nous faisions plus haut à propos de la colonne de fumée des éruptions volcaniques. Rhyener observa le 3 juillet 188. une éruption du Cotopaxi. " À 6 h. 45 m. du matin, une colonne de fumée noire commença à s'élever du cratère. Elle monta, se boursouflant rapidement, avec une vitesse prodigieuse et en moins d'une minute elle avait atteint une hauteur de 20.000 pieds au dessus du bord du cratère (appréciée d'après les dimensions connues de la montagne)." Le sommet de la colonne devait alors se trouver à près de 40'000 pieds au dessus du niveau de la mer. A cette hauteur, elle rencontra un vent violent d'Est qui poussa rapidement la fumée jusqu'à 70-80 km. anglais vers l'Océan Pacifique. "

Une observation analogue fut faite au Krakatoa le 20 Mars 1883, 3 mois avant l'éruption principale. Du navire de guerre allemand "Elisabeth" qui se trouvait éloigné du volcan de 4 milles géographiques, la hauteur de la colonne de fumée fut évaluée à 10.400 m.; par contre, le 26 Août, elle se serait élevée à 27 Km. Lors de l'éruption du volcan, au début d'Août 1883, la hauteur de la colonne était, d'après Bienie, de 1. Km 500. Ces mesures de hauteur sont naturellement très inexactes dans la plupart des cas, des erreurs dues à la perspective devant avoir lieu, mais les nombres donnés montrent que, manifestement l'épanouissement du nuage de fumée se produit à la limite des couches en question. Puisque, ainsi, constamment, la stratosphère oppose une telle résistance à la pénétration des masses de fumée, on doit en fait tenir pour à peu près impossible sa percée totale jusqu'à la hauteur de 70 Km. En attendant, je voudrais faire remarquer ceci : Brünen trouva dans les gaz des fumerolles islandaises 68 % d'H et Solasen trouva une quantité voisine de ce même gaz, 63.5 % dans les gaz du Mont Pelé à la Martinique, lors de l'éruption de 1902. Si l'on se rappelle l'expérience de ... dans laquelle on obtient en projetant une goutte de ... fondu dans l'eau un mélange détonant par décomposition de l'eau sans recomposition grâce au refroidissement, on peut s'attendre à la production de grandes quantités d'H lors d'éruptions volcaniques comme celle du Krakatoa où l'eau de la mer est entrée en contact avec la lave incandescente. Ce fait renforce les hypothèses précédentes, car il apparaît particulièrement plausible que cette masse de gaz traverse toute la stratosphère et monte jusqu'à la limite où commence l'atmosphère d'H.

Les nuages nocturnes lumineux seraient formés par la condensation de la vapeur d'eau ainsi entraînée, abstraction faite de leur altitude anormale, ne se distingueraient en rien des cirrus ordinaires. Aucun de ces nuages n'aurait eu une durée plus longue: ils se sont probablement formés et détruits comme les nuages ordinaires. On démontre que l'état hygrométrique à 70 Km. de hauteur doit être descendu à une valeur peu mesurable. Car de ce que dans la stratosphère il n'y a ni courants verticaux, ni condensation, la vapeur d'eau doit y suivre les lois des gaz parfaits. Admettons alors pour première moyenne de la vapeur à 11 Km. 0,017 mm; nous pouvons en déduire sans difficulté les tensions de vapeur

pour toutes les hauteurs et comme la température est partout la même, on en déduit immédiatement l'état hygrométrique. On obtient ainsi les valeurs suivantes :

hauteur en km.	11	15	20	25	30
Press. de vapeur	0,017	0,0116	0,00706	0,00433	0,00266
Etat hygrom.	56,3	34	20,9	12,6	7,9

hauteur en km.	35	40	45	50
Press. de vapeur	0,00163	0,00100	0,000616	0,000378
Etat hygrom.	4,8	3	1,8	1,1

etc............

Cette variation de l'état hygrométrique explique le fait que, au-dessus de la limite 11 km. aucun nuage n'est en général observable. Seuls, les nuages nocturnes lumineux sont montés à de plus grandes hauteurs. A 70 km, on verrait que l'état hygrométrique est tombé à une valeur si faible que nos méthodes d'analyse ne le pourraient mesurer. Le fait que cependant des nuages se sont trouvés à cette hauteur nous oblige d'admettre qu'il y a là une source de vapeur d'eau ou qu'il y en eut une et cette source ne peut être que les gaz d'éruption du Krakatoa. Ici, il faut encore remarquer autre chose : Comme on le montrera plus loin, la pression à 60 km. est de 0,108 m/m, à 80 km. 0,0192 m/m seulement. Comme 0,018 représente la tension maxima de la vapeur d'eau à - 58° (rapportée à la place) on voit qu'ici on se trouve à la limite où la pression extérieure et la tension de la vapeur saturante sont égales. Au-dessus de cette limite, toute condensation est impossible et à la limite elle-même, l'atmosphère devrait être composée de vapeur d'eau pure pour que des nuages puissent se montrer. Naturellement, cette limite n'a pas une hauteur invariable si notre hypothèse sur la température est fausse, mais on voit qu'à ces hauteurs, l'atmosphère est susceptible d'absorber une quantité quelconque de vapeur d'eau sans qu'il y ait condensation immédiate. Précisément par cette supposition qu'il s'agit de quantités extraordinairement grandes s'explique la longue durée du phénomène des nuages lumineux. La condensation relativement insignifiante que représentent ces nuages se laisse facilement réduire par des soulèvements locaux de la limite de condensation, comme pour les cirro-stratus. Mais pour dissiper en vapeur invisible, à ces hauteurs, la formidable provision, ce qui n'est possible que par une lente diffusion, il faut très longtemps.

Les explications précédent a étaient nécessaires pour obtenir une image nette sur la hauteur des nuages lumineux. Pour les recherches précédentes, l'essentiel est que les produits d'éruption du Krakatoa se sont arrêtés et étendus à cette hauteur déterminée. Ce fait à lui seul justifierait l'hypothèse qu'ici se trouve une importante limite de densité, et la circonstance que cette hauteur coïncide aussi bien que possible avec la limite de l'arc principal du crépuscule peut être considérée comme une vérification de cette hypothèse.

CHAPITRE II - L'ATMOSPHÈRE D'H AU DESSUS DE 70 Km.

1 - LA COMPOSITION DE L'AIR AU SOL.-

La table suivante la donne en % en volume. Les gaz sont rangés suivant leur poids moléculaire.

Les calculs relatifs à l'hypothétique Géocoronium seront faits dans la deuxième partie de ce travail. L'incertitude de % en volume joue dans les calculs suivants un grand rôle, surtout pour l'H. Pour ce gaz, nous nous sommes servis, en substance d'une détermination unique que fit Gautier. Il trouva 0,02 %. Rayleigh fit une critique soignée de sa mesure et conclut que la teneur en H n'était que la 6ème partie de la valeur trouvée, soit 0,0035. De même, Leduc critique la mesure de Gautier dans le même sens. Gautier pense cependant devoir maintenir son chiffre et ce chiffre est accepté de beaucoup d'autorités comme par exemple Dewar. Hann utilise la valeur moyenne ronde de 0,01. Récemment, Claude seul a essayé de déterminer la teneur de l'air en H et a trouvé moins de 0,0001 (sic) donc, moins encore que Rayleigh. Mais, comme il le fait remarquer lui-même, sa méthode comporte des erreurs systématiques, de sorte que son résultat apparaît encore comme trop incertain pour être retenu.

Gaz	Poids moléculaire -	% en volume
Géocoronium (monoatomique)	0,4	0,00062 (hypothétique)
H²	2,02	0,0035 (Gautier-Rayleigh)
Hélium Hé	4,0	0,0005 (Claude)
H²O	18,02	variable (0 - 4)
Néon	20,0	0,0015 (Claude)
N²	28,02	78,06 (Leduc)
O²	32,00	20,90
Argon	39,9	0,937
CO²	44,0	0,029 (variable)
Ozone O³	48,0	Traces (Thierry)
Krypton	83,0	0,0001 (environ)
Xénon	130,7	0,000005 (environ)

Pour nos recherches, nous avons utilisé le   de Rayleigh. Mais on voit par ces données combien incertaine est encore la base du calcul.

La difficulté du dosage de l'H. réside en grande partie à ce que l'air contient partout, surtout dans les grandes villes, des carbures d'hydrogène (qui sont classés comme impuretés) Et, chimiquement, ces carbures d'H. ne se laissent que très difficilement séparer de l'H. Ces difficultés ne seront peut-être surmontées que si l'on fait l'analyse sur les côtes ou dans une île en plein Océan. L'attention vient seulement d'être attirée sur ces obstacles à cause de leur importance pour la physique des hautes couches de l'atmosphère et il est à souhaiter que du côté chimique aussi cette importance soit appréciée pour que l'on arrive à une détermination exacte.

II - LA COMPOSITION THÉORIQUE DE L'ATMOSPHÈRE DANS LES HAUTES COUCHES

Le calcul de la composition et de la pression pour les différentes altitudes se fait en déterminant la pression partielle de chaque gaz isolément par la formule :

$$\text{Log} \ \frac{p_0}{p} = \frac{h}{R(1+\alpha t)}$$

p₀ = Pression de la hauteur origine
p = " à la hauteur h
$\alpha = \dfrac{1}{273}$ Coeff. de dilat. des gaz.
t = Température centigrade moyenne de la colonne d'air h.
R = Constante caractéristique du gaz

Par sommation des pressions partielles de chaque gaz, on obtient la pression totale; et le rapport des pressions partielles donne immédiatement la teneur en volume. Si nous prenons pour température moyenne des 10 premiers Km. 0°-55° = - 25°, et au-dessus - 55°, nous obtenons le résultat suivant :

COMPOSITION DE L'AIR (% en Volume)

Hauteur Km.	Pression m/m	Géocoronium	H	Hélium	Azôte	O	Argon
0	760	0,00058	0,0035	0,0005	78,1	20,9	0,937
20	41,7	0	0	0	85	15	0
40	1,82	0	1	0	88	10	-
60	0,106	5	12	1	77	6	
80	0,0192	19	58	4	21	1	
100	0,0128	28	67	4	1	0	
120	0,0108	52	65	5	0	-	
140	0,0090	58	62	3	-		
200	0,00581	50	50	1			
300	0,00528	71	29	-			
400	0,00390	85	15				
500	0,00168	93	7				

Dans la figure 2, ces nombres sont traduits graphiquement. Si l'on veut en déduire la comparaison à une certaine hauteur, on le coupe par une horizontale; les segments déterminés par les courbes représentent le % en volume des gaz correspondants.

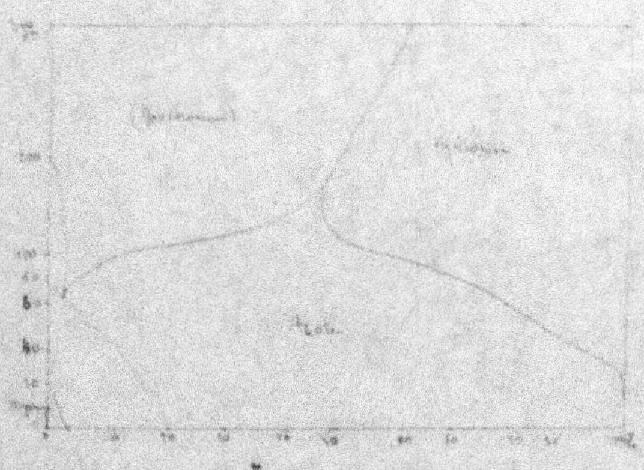

FIG.R - Composition de l'atmosphère.

L'hypothèse du géocoronium a peu d'influence sur la répartition des autres gaz. Si on la laisse de côté, son domaine, dans la figure, devient celui de l'H, sans que les autres courbes se modifient sensi-blement.

On ne tient pas compte de l'eau. Cependant on a vu qu'il n'était pas démontré qu'à de certaines hauteurs l'eau a tout une importance prépondérante, mais comme elle est plus lourde que l'Hélium et l'H, elle doit, selon toute probabilité, disparaître de plus en plus à mesure que ces gaz prennent une plus grande importance, de sorte que la figure n'est pas sensiblement modifiée par le fait qu'on a négligé de tenir compte de la vapeur d'eau pour les calculs.

III - APPLICATIONS DES LOIS DES GAZ.-

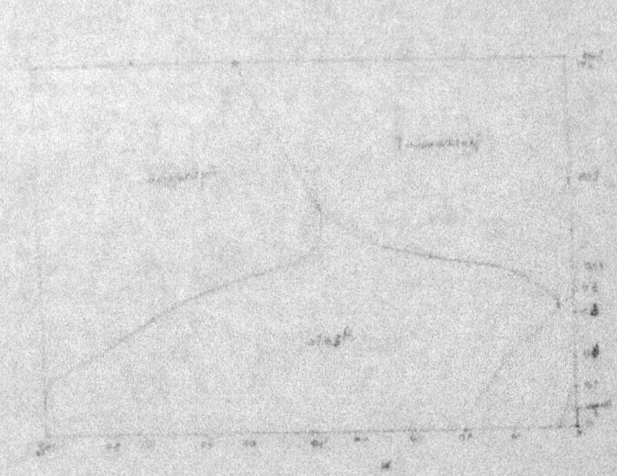

IV - CONCORDANCE DE LA VARIATION BRUSQUE DANS LA COMPOSITION AVEC LA LIMITE DE COUCHES SITUÉE À 70 Km.

La variation brusque dans la composition qui se manifeste à environ 70 Km., apparaît au premier regard comme extraordinairement soudaine. La cause est la grande différence de poids moléculaire des deux gaz en présence, azote et hydrogène; il est clair que le passage doit être d'autant plus lent que cette différence est plus faible et vice-versa. Mais le plus intéressant est que cette séparation survenue entre les atmosphères d'Az et d'H se produit justement à la hauteur où, pour des raisons tout à fait différentes, on est conduit à admettre l'existence d'une limite de couches. Cette dernière hypothèse s'en trouve extraordinairement consolidée. La concordance n'est que peu déconcertante par l'incertitude qui règne sur les valeurs servant de base au calcul. J'ai précédemment montré ailleurs qu'avec les chiffres de Lenz ou ceux de Wautier on obtient une concordance très satisfaisante et qui devient meilleure encore si l'on admet avec Humphrey que la composition est constante jusqu'à 11 Km. De plus on voit, par une comparaison des valeurs précédentes avec celle qu'on calcule que même une grosse erreur dans l'hypothèse relative à la température n'entraîne qu'une faible modification de la hauteur et ne change pas la physionomie de l'ensemble. Ainsi, nous ne sommes pas autorisés à croire que les résultats du calcul seraient essentiellement modifiés si l'on connaissait avec exactitude la teneur en H de l'air du sol et la température des couches au-dessus de 80 Km.

V - PREUVES ACOUSTIQUES.-

Il existe un grand nombre de cas dans lesquels on signale de sources sûres la perception à des distances extraordinaires de coups de canon ou de phénomènes sonores analogues. V. den Borne a examiné plus particulièrement deux de ces cas. L'explosion de dynamite du 16 novembre 1908 au chemin de fer de la Jungfrau a retenu particulièrement l'attention.

La merveille, lors de ce phénomène, consiste en ce que, hors de la région de perceptibilité normale entourant le lieu de l'explosion, se trouve encore une deuxième région de perceptibilité anormale beaucoup plus étendue et séparée de la première par une " zône de silence " large d'environ 100 Km. Comme il ressort du croquis de de Quervain, la région de perceptibilité normale s'étend jusqu'à environ 30 Km. de la source sonore, mais ne se développe que d'un côté, vers le N. La zône de silence qui suit et sur laquelle on a de nombreux renseignements négatifs règne jusqu'à 140 Km. de la source sonore. Ici cependant, embrassant un angle d'environ 90° (du N. à l'E.) la zône de perceptibilité anormale qui a 80 Km. de large et dont le bord interne apparaît mieux marqué que le bord externe. Cette dernière zône de perceptibilité ramène V. den Borne à la question de la limite de couches dont nous avons parlé. En principe, son travail repose sur les bases suivantes : De ce que la vitesse du son n'est dans l'air que 330 m.s., mais dans l'H 1200 m.s., il résulte que, s'il existe une limite nette entre ces deux gaz dans l'atmosphère il doit y avoir réflexion totale pour une incidence de 16° et le rayon sonore ainsi réfléchi doit rencontrer le sol à 40 Km. de la source sonore. A partir de ce point vers l'extérieur se manifeste alors une deuxième zône de perceptibilité (sans limite extérieure nette). V. den Borne, tenant compte de la courbure que doivent prendre les rayons sonores dans la troposphère par suite de la diminution de température avec la hauteur et, de ce fait que les deux

gas ne sont pas nettement séparés, montre qu'il n'y a pas véritablement réflexion, mais courbure progressive des rayons sonores, et que la distance précédente de 40 Km doit être portée à environ 120 Km. Pour les calculs, nous renvoyons à l'original et nous ne donnerons ici que le résultat sous forme du tableau suivant :

Angle au départ de la source (avec ...)	Le rayon sonore devient horizontal à Km :	Le rayon sonore atteint le sol à Km de la source
80°	56	290
70°	58	210
60°	62	142
50°	65	126
40°	69	120
30°	75	116
20°	80	126
17°20'	∞	∞

Il est hors de doute que cette explication est bien meilleure que celles qui furent tentées en faisant intervenir la variation du vent avec la hauteur; ces calculs offrent de plus une preuve indirecte de la réalité d'une couche d'H au dessus de 70 Km. (Voeu que des expériences soient faites et les calculs repris à ce propos) .

VI - ALTITUDE, SPECTRE ET INCLUSIONS GAZEUSES DES METEORES

Les phénomènes lumineux des étoiles filantes se produit tout entier dans l'atmosphère d'H. Brézina a donné les renseignements suivants pour l'allumage et l'extinction des étoiles filantes (voir tableau ci-joint)

BESSEL trouva pour 31 météores les moyennes suivantes : entre

0	22 1/2	45	75	112 1/2	150	187 Km et au-dessus
1		5	14	6	2	3 météores.

Schmidt et Heis trouvèrent que les étoiles filantes les plus claires donnent les plus grandes hauteurs, ce qui ressort du tableau suivant dans lequel les étoiles sont classées d'après leur éclat (I - classe les plus éclatantes)

	I	II	III	IV
Hauteur moyenne	128	116	81	64 Km
Nb d'observations	14	20	24	21

Avec ceci concordent les données de Brézina où l'on voit que les rapides et claires Léonids s'allument un peu plus haut que les Perséides. Denning (Bristol) tient les hauteurs de plus de 240 Km pour très rares, mais trouve pour 9 météores parmi 26 200 Km pour la hauteur d'allumage.

On ne peut donner ici ni l'ensemble complet des observations, ni leur critique; mais les valeurs suffisent pour montrer que les étoiles filantes s'allument environ vers 130 Km et s'éteignent vers 80 Km, de telle sorte qu'elles se manifestent entièrement dans l'atmosphère d'H.

Le phénomène lumineux lui-même est attribuable à la compression à peu près adiabatique du gaz devant le météorite; par

	Hauteur de l'allumage		Hauteur de l'extinc.	
	Km	Nb des obs	Km	N des obs
Herschel d'après Brandes et Benzenberg	113	178	87	210
Newton (1798-1863)	115	234	81	290
Secchi	120	27	40	27
Weiss pour les Perseïden, en Europe	114,6	49	87,9	49
Newton pour les Perséides en Amérique	122,4	39	60,1	39
Newton pour les Léonides	154,9	78	87,8	78
Weiss	132,6	4	79,8	4
	151,4	6	95,1	6

suite de la grande vitesse (de l'ordre de 50 Km à la seconde) avec laquelle celui-ci pénètre dans l'atmosphère, l'N est trop lent pour s'écarter et est par suite comprimé jusqu'à la température de l'incandescence. Ce gaz incandescent agit alors sur le météorolite comme une flamme de chalumeau et l'amène à la surface à l'état de fusion ou de volatilisation, ce qui conduit le plus souvent à sa dissolution complète et à la dissémination de sa matière le long de sa trajectoire. Comme, à la hauteur en question, il n'y a pas une quantité appréciable d'oxygène, il ne peut se produire aucune combustion, ainsi qu'on l'admettait généralement autrefois. Par contre, il doit se produire une réduction de composés oxygénés, ce qui peut expliquer peut-être maintes propriétés minéralogiques des météorites tombés.

L'intensité de la production de lumière doit dépendre en première de l'inertie du gaz. C'est pourquoi il ne se produit pas d'incandescence dans l'atmosphère du Géocoronium: ce gaz dont l'inertie est extraordinairement petite s'entr'ouvre beaucoup plus rapidement. Par contre le développement de lumière devient particulièrement intense dans les cas ou les météores pénètrent dans l'atmosphère d'azote; là il finit le plus souvent par une explosion et ses éclats tombent sur le sol. Le tableau suivant relatif à la hauteur d'explosion d'après Viessel montre que cette explosion à lieu constamment dans l'azote :

Hauteurs d'explosion de météorites :

12 Février 1875	Homestead, Amér. du N.		3,7 Km
5 Mai 1869	Krähenberg, Bavière		8,8
3 Février 1882	Mocs, 7 Montagnes		8,4
	Gyuslatelke		14,4
13 Décembre 1807	Weston, Amér. du Nord		11,1
9 Juin 1866	Knyahinya, Hongrie		11,9
13 Juillet 1847	Braunau, Bohême	moins de	14,6
13 Juillet 1879	Tieschitz, Mohren		20
14 Mai 1864	Orgueil, France		23
19 Juin 1876	Stålldalen, Suède		40,8
30 Janvier 1868	Pultusk, Pologne		41,5
26 Mai 1751	Hraschina, Agram		45,7

Dans ce grand développement de lumière, l'O doit jouer un rôle.

L'échauffement et la fusion ne se produisent que tout à fait superficiellement car la chaleur n'a pas le temps de pénétrer. Encore après la chute on peut constater la basse température du météorite.

Le mécanisme de l'explosion elle-même semble peu éclairci jusqu'à présent. Peut-être peut-on l'expliquer par une rotation de plus en plus rapide qui aboutit à l'éclatement du météorite par la force centrifuge. Le début de cette rotation se décèle quelquefois par la forme hélicoïdale de la trajectoire qui correspond tout à fait à la trajectoire hélicoïdale des flocons de neige.

L'examen spectroscopique des étoiles filantes est de grand intérêt pour notre problème, car leur lumière provient du moins en partie de l'air ambiant incandescent. Malheureusement il n'existe pas beaucoup d'observations utilisables. Les plus anciennes observations à l'oculaire montrent seulement que le noyau donne un spectre continu et la queue des lignes brillantes.

Pickering et Blajko ont seuls jusqu'à présent obtenu des photographies (avec le Objectiv-Prisma) Le premier obtint les lignes suivantes (les intensités sont indiquées entre parenthèses)

$$
\begin{aligned}
486 \ (10) &= H \\
434 \ (10) &= ? \\
634 \ (12) &= H \\
480 \ (2) &= ? \\
412 \ (100) &= H \\
395 \ (40) &= H
\end{aligned}
$$

Ce sont manifestement les quatre lignes de l'H qu'enregistre la photographie ainsi que deux autres lignes d'origine encore inconnue. Pour la sécurité de l'identification, il est à remarquer que H doit venir sur la photographie avec la plus grande intensité.

Blajko obtint deux spectrogrammes qui se ressemblant, mais diffèrent de celui de Pickering. Parmi une grande quantité de lignes faibles se montre une ligne extraordinairement forte qui une fois coïncidait avec 389 et l'autre fois avec 393. Blajko tient la différence pour réelle et attribue la première au calcium et la deuxième à l'Hélium. Je tiens les deux pour identiques avec la ligne de l'H 391 qui apparaît extraordinairement forte dans le spectre des aurores boréales.

Ceci signifierait alors que les météorites de Blajko auraient pénétré dans l'Azote tandis que celui de Pickering aurait été observé dans l'H.

Pour ce dernier on à signaler aussi que l'identité des lignes différait aux différents endroits de la trajectoire. Malheureusement il ne m'est pas possible de suivre cette trace; mais on peut penser qu'il doit être possible de déterminer de cette manière les changements dans la composition de l'atmosphère le long de la trajectoire du météorite.

Enfin, mentionnons encore les inclusions gazeuses qui sont contenues dans les météorites et qui se peuvent extraire par la chaleur. Cohen donne dans " Meteoritenkunde " une table relative à neuf analyses de gazium des fers météoriques et 10 analogues dans les pierres météoriques. Les premiers se signalent par une forte teneur en H, les derniers par une forte teneur en CO_2.

Comme moyenne, Cohen donne :

	H	CO_2	CO	N	CH_4	grd
Fer	63	8	21	8	(0,6)	%
Pierres	16	72	4	2	4	%

[illegible]

[illegible]

[illegible]

[illegible]

[illegible]

[illegible]

[illegible]

L'explication de la présence de ces gaz dans les météorites offre encore maintes difficultés; on a pensé qu'ils pouvaient avoir été modifiés, peut-être même fournis par les gaz de l'atmosphère terrestre. On peut supposer que les fentes des météorites se remplissent de gaz en arrivant dans l'atmosphère puis se bouchent par suite de la fusion superficielle. Mais avant tout ces gaz ont une grande analogie avec ceux que la spectroscopie décèle dans les queues des comètes et qui sont probablement entraînés. Pour cette raison il est très vraisemblable que les gaz des météorites tombant sur le sol y étaient déjà avant leur entrée dans l'atmosphère terrestre.

VII - ANALYSE DE PRISES D'AIR A DE GRANDES ALTITUDES

Rappelons aussi pour être complet la modification de la composition de l'air avec la hauteur qui ont été trouvées par analyse directe. D'après Hann les analyses de prises d'air de Miller faites par Wehl ont donné les valeurs suivantes pour la teneur en oxygène:

Au sol	20.92	%
4100 m	20.89	
5500	20.75	
5660	20.89	

Le ballon l'Aérophile a rapporté 6 litres d'air d'environ 15 Km 1/2 de hauteur dont la composition était la suivante d'après Muntz

$$O \quad 20.79 \quad N \quad 78.27 \quad Argon \quad 0.93$$

Les valeurs pour O et N au sol sont 20.90 et 78.06. Le sens de ces variations (si elles sont réelles) correspondrait aux lois des gaz. Ainsi on ne sait pas si l'opinion d'Humphrey est exacte qui veut que à l'intérieur de la troposphère les courants verticaux maintiennent la composition de l'air uniforme.

En somme les hauteurs considérées ici sont trop faibles pour donner une preuve certaine de la modification de la composition de l'air. Cette remarque est applicable aussi aux expériences de Teisserenc de Bort faites en 1908, d'autant plus qu'ici on semble s'être borné à une analyse spectroscopique de l'air, ce qui est tout à fait insuffisant car il s'agit ici seulement de faibles différences quantitatives.

CHAPITRE III - L'ATMOSPHÈRE DE GÉOCORONIUM

I - LE SPECTRE DES AURORES BORÉALES

n'

Comme jusqu'à présent on a décelé par la photographie que les lignes les plus lumineuses du spectre des aurores boréales, il est nécessaire pour une étude complète, de se reporter aux observations à l'oculaire plus anciennes mais qui sont extraordinairement imprécises. A cause de cette imprécision combinée d'autre part avec une réelle variabilité du spectre et à cause de l'absence de logique avec laquelle les mesures furent discutées, le problème du spectre des aurores boréales est devenu de plus en plus difficile à mesure que les observations augmentaient et nos spécialistes les plus expérimentés semblent avoir aujourd'hui perdu presque complètement l'espoir de créer de l'ordre dans ce chaos. Je suis cependant persuadé que les idées intuitives exposées sur la composition de l'atmosphère sont en voie de montrer non seulement le bon chemin ici mais qu'elles résolvent la question essentielle.

[illegible]

[illegible]

CHAPITRE III — [illegible]

[illegible]

[illegible]

[illegible]

[illegible]

[illegible]

XII — [illegible]

[illegible]

Grâce aux travaux de Angström, Paulsen, Birkeland, Störmer, etc... il apparaît hors de doute que l'aurore boréale est due à des rayons cathodiques provenant du soleil et qui ont été déviés par le champ magnétique terrestre jusqu'à pénétrer dans la partie de l'atmosphère plongée dans l'ombre. Dans les couches supérieures ou la pression est encore très faible, il se passe alors ce que nous pouvons observer dans nos ampoules à rayons cathodiques: une faible partie seulement des rayons est détruite et il s'en suit un faible phénomène lumineux, tandis que le reste passe. Mais on sait que les rayons cathodiques disparaissent lorsque la pression atteint environ 0,1 mm de H ; ils sont alors instantanément détruits : le gaz est opaque pour eux. De même, la production de lumière dans l'atmosphère doit croître vers le bas, mais cesser subitement lorsque la pression atteint environ 0,1 mm. D'après les tables données plus haut, ceci se produit à une hauteur d'environ 60 Km.

Une comparaison avec les hauteurs observées nous conduit à un chapitre qui est bien aussi difficile que celui du spectre. Quoique p. ex. Paulsen et Godthaab aient mesuré des hauteurs entre 0,6 et 67,8 Km, beaucoup de chercheurs sont enclins aujourd'hui à interpréter comme fausses toutes les mesures inférieures à 50 Km. Il est à souhaiter que la méthode photographique récente de Störmer aide à rassembler des observations précises. Malgré toutes les incertitudes, on peut dire avec sécurité que le bord inférieur des aurores qui se présente sous forme de draperies se trouve environ à 70 Km de hauteur, ce qui coïncide avec la valeur théorique donnée précédemment.

Ces draperies appartiennent aux formes de structure rayonnante: par là elles diffèrent des arcs homogènes dans lesquels ne se reconnaît aucune structure rayonnante et qui se distinguent par une grande tranquillité apparente. Ils se trouvent probablement à des hauteurs beaucoup plus grandes. Paulsen a, en collaboration avec La Cour pendant un hivernage à Akureyri en Islande essayé de déterminer par triangulation la hauteur de ses arcs. " La distance de deux stations était trop petite pour obtenir une détermination exacte; mais les mesures montrent que cette sorte d'aurore boréale doit se manifester au moins de 100 à 500 Km au dessus du sol ". Nous reviendrons plus tard sur cette forme. Les "rayons" qui nous intéressent vont d'abord s'étendant ainsi depuis l'atmosphère de géocoronium à travers l'atmosphère d'H jusqu'à l'atmosphère d'azote. Il en résulte une grande diversité du spectre. Dans la partie inférieure viennent au premier plan les lignes de l'N dont notamment plusieurs très lumineuses dans la partie violette du spectre; comme la partie inférieure des rayons est toujours la plus brillante, on voit immédiatement que les lignes de l'N, notamment en photographie, doivent former la partie principale. Déjà, les plus anciennes observations à l'oculaire les signalent sans ambiguité dans la partie visible du spectre: notamment les fortes lignes 631, 530, 471 et 428 . La dernière et la plus, la ligne 391, presque invisible, mais très forte en photo, furent précisément photographiées par Paulsen. On doit principalement au travail de ce dernier une bonne observation des lignes de l'N.

Intéressante, mais peu expliquée est la présence d'une vive ligne rouge près de 631, qui semble appartenir au spectre anodique de l'N, tandis que la plupart des autres représentent le spectre cathodique.

L'apparition de cette ligne est presque toujours reliée à une coloration rouge des rayons, visible à l'oeil nu. Vogel le constate en 1872; il remarqua aussi qu'en même temps 519 (qui appartient aussi au spectre anodique) devenait plus brillante. J'ai trouvé

[illegible]

fréquemment la remarque dans le journal d'observations de Carlheim Gyllenskjold que la partie principale d'un rideau de rayons (draperies) et de couleur violette, mais que le bord inférieur est rouge. Je me rappelle aussi l'avoir observé plusieurs fois dans le Groenland septentrional. La première couleur désignerait le spectre anodique, la seconde, le spectre cathodique. Mais nous ne pouvons pas nous appesantir sur cette intéressante distinction que discute Carlheim Gyllenskjold.

Nous ne nous attendrons pas à trouver les lignes de l'H marquées avec autant de netteté parce que d'après nos tables précédentes, la teneur en H n'est nulle part supérieure à 67 % et que le spectre d'un gaz est déjà fortement affaibli par une faible teneur en impuretés. Nous devrons donc aller prudemment en besogne, d'autant plus qu'ici la photographie nous laisse totalement en plan.

Dans la partie visible se trouvent quatre lignes importantes de l'H qui se trouvent ordonnées suivant leur éclat auprès de 656 (H α) 486 (H β) 410 (H ?) et 434 (H γ)

Frankland et Lockyer ont prouvé que sur de très basses pressions comme sont celles que nous envisageons, la ligne rouge 656 diminue de plus en plus et que la ligne verte 486 devient la plus brillante, de sorte que finalement le spectre entier peut se réduire à cette ligne unique, à xxx d'ailleurs cela fut observé par Scheiner pour les nébuleuses.

Adressons nous maintenant aux observations. ~~les plus importantes~~ La plus importante et pour cela la plus utilisable série d'observations à l'oculaire à été faite par Carlheim Gyllenskjold.

Nous donnons ci-dessous les mesures obtenues avec deux spectroscopes différents. Le nombre des cas où une ligne déterminée à été observée peut servir de mesure pour son intensité :

Spectroscope I		Spectroscope II	
Long. d'onde	Nb des obs.	Long. d'onde	Nb des obs.
667	5		H
645	1		
651	11		
619	7		
604	4		
594	3	595	1
576	14	576	1
565	12		
557	19	558	1 (ligne princ)
554	3)		
551	8)	547	5
548	6)		
545	3)		
541	5)	541	7
538	6)		
535	8	535	9
530	8)		
526	9)	530	16
523	14	524	13
518	5		
515	6	513	5
504	2	505	5

Spectroscope I		Spectroscope II	
Long. d'onde	Nb des obs.	Long. d'onde	Nb des obs.
500	1	500	3
		493	7
487	1	484	6 Hβ
480	2		
470	1	471	10
464	1	464	8
		455	3
		(445)	5}
		(424)	2} (Hγ)
		411	2 Hδ

Celles des lignes de l'H pour lesquelles une grande intensité
est à attendre, notamment 486 a été observée 7 fois et paraît ainsi
prouvée avec certitude. Dans Kayser, nous la trouvons 15 fois sur 41
observations. Par contre, la ligne 656 n'a été observée qu'une fois
lors de l'expédition suédoise et c'est apparemment la seule fois où
elle l'a été. La ligne 410 a été observée deux fois et par Kayser également. L'identification de la 4e ligne 434 présente de grandes difficultés, d'une part parce que son intensité doit être faible, de sorte
qu'il apparaît problématique de postuler son existence et d'autre
part parce que, dans cette région du spectre se trouvent plusieurs
lignes serrées les unes contre les autres et qu'il est difficile de
séparer à cause de l'imprécision des mesures. En particulier se trouve
ici l'une des trois lignes principales photographiées : la ligne
425 de l'azote.

De grand intérêt est aussi le tableau suivant de Carlheim
Gyllenskjold d'après lequel la base des rayons diffère au spectroscope des parties supérieures :

Spectre	Nombre de lignes	
	au sommet	à la base
de l'air	9	8
de l'azote (anode)	2	4
(cathode)	10	14
de l'H	3	1
inconnu	8	4

Ainsi, tandis que le nombre (c'est-à-dire l'intensité) des
lignes de l'N diminue quand la hauteur augmente, celui des lignes
de l'H augmente exactement suivant la théorie. Remarquons déjà ici
qu'en même temps les lignes inconnues parmi lesquelles la ligne principale 557 $\mu\mu$ augmentent avec la hauteur.

Quant à la question de savoir si l'hélium est aussi reconnais-
sable dans le spectre, rappelons que d'après Collie et Ramsay pour
une faible teneur en Hel. la raie la plus légère est toujours la
raie verte voisine de 502 et non la principale raie jaune 587 $\mu\mu$.
De plus grande signification est la raie principale 557 $\mu\mu$ qui dans
notre hypothèse appartient au géocoronium. A ce point de vue les arcs
homogènes sont les plus intéressants à cause de leur grande hauteur.

Le spectre de ces arcs semble n'avoir jamais fait jusqu'ici
le sujet d'un travail marquant. Cependant Mr la Cour, le collabora-
teur de Paulsen en ~~Hollande~~ Irlande a fait sur eux les communications
suivantes qui par suite de la mort de Paulsen n'ont pas encore été
publiées officiellement.

[illegible]

[illegible]

[illegible]

Glucose	Nombre de lignes	
	au nombre	à la base
[illegible]	[illegible]	[illegible]
[illegible]	20	[illegible]
[illegible]	[illegible]	[illegible]

[illegible]

[illegible]

Expérience I			Expérience II		
Long. lignes	Nb des ind.	Nb des ind.	Long. lignes	Nb des ind.	Nb des ind.
[illegible]	[illegible]	[illegible]	[illegible]	[illegible]	[illegible]

" Les arcs homogènes qui se montraient le soir ou les nuits à aurores boréales ne se développant pas particulièrement beaucoup, brûlaient au spectroscope de poche exclusivement 557. Cette raie était souvent très forte et quand j'ouvrais les deux yeux et projetais ainsi la raie sur l'arc comme fond, je ne pouvais voir aucune différence de ton entre 557 et l'aurore boréale. Je tiens ceci pour une preuve que la partie visible du spectre de cet arc était pratiquement monochromatique. Mais lorsque l'aurore boréale prenait des formes rayonnantes ou que les arcs se teintaient de couleurs chaudes - ce que cela arrivait souvent avant qu'ils ne se missent à ramer, d'autres raies apparaissaient au spectroscope. "

M. La Cour ajoute encore qu'à partir du moment où les raies apparaissaient en grand nombre, les aurores boréales suivantes de la même nuit présentaient toutes cette richesse de raies. Du reste, avec son faible instrument, il ne pouvait pas reconnaître avec certitude les lignes de l'M.

Par une discussion des observations soignées de Carhheim Gyllenskiold, j'arrive à la même conclusion que les arcs homogènes donnent un spectre qui en réalité ne se compose que de la raie principale 557. Cet auteur lui-même considère le spectre des aurores boréales comme une superposition de spectres différents " la raie principale forme un de ces spectres élémentaires. Elle apparaît très souvent seule ". Dans quatorze cas pendant un hivernage, cette raie fut visible seule. Si l'on se reporte au journal d'observations, on trouve les descriptions suivantes relatives à ces 14 apparitions :

1 - Lueur plus forte
2 - Bande - Peu de mouvement
3 - Bande tranquille
4 - Lumière diffuse
5 -   -   -
6 - Faible lueur diffuse
7 - Lueur
8 - Bande - Aucun mouvement
9 - Bande zénithale et diffuse
10 - ?
11 - Quelques taches lumineuses
12 - Lueur
13 - Forte lueur
14 - ?

Pas une seule fois ne se trouvent les rayons d'autre part constamment observés. On peut bien tenir ceci pour une preuve que en fait ce sont les arcs homogènes qui montrent la raie principale du spectre. Comme ces arcs se distinguent par leur grande hauteur, nous sommes nécessairement conduits à chercher dans les couches les plus supérieures de l'atmosphère les causes de la " raie des aurores boréales "

II - LE NOUVEAU GAZ GEOCORONIUM

L'hypothèse que la raie des aurores boréales est due à un gaz inconnu n'est pas nouvelle. Schulzer précisément présume l'existence d'un tel gaz " peut-être de très petit poids spécifique " de sorte qu'il ne se trouve que dans les couches les plus hautes de l'atmosphère " (1890) Huggins, Ramsay, Schuster et d'autres ont montré à ce sujet que la raie des aurores coïncide aux erreurs d'observations près avec la raie principale du krypton et tiennent ces raies pour identiques. Mais comme leur origine est, comme on l'a montré, à chercher dans les couches plus élevées de l'atmosphère, cette explication ne peut pas à mon sens être soutenue à cause de la densité extrêmement grande du krypton. Il en est de même pour les essais d'identification de la raie avec l'une des raies de l'argon.

Notre hypothèse d'un gaz très léger trouve encore un appui intéressant dans les spéculations que Mendeleeff tire de la périodicité établie par lui des propriétés des éléments. Il arrive notamment à cette conclusion qu'il doit exister un gaz plus léger que l'H à poids moléculaire voisin de 0,4. Cette hypothèse me paraît très digne d'attention étant donné que ce chercheur a prédit par la même voie l'existence du Germanium. Mendeleeff présume que le coronium le soleil représente ce gaz inconnu. L'analogie de ce dernier avec notre hypothétique Géocoronium à justement été indiquée de nombreuses fois et le sera encore dans le courant de ce chapitre.

Il m'a semblé bon d'introduire le gaz hypothétique dans le calcul de la composition de l'air. Pour cela j'ai admis qu'il possède le poids moléculaire 0,4 donné par Mendeleeff et de plus que sa pression partielle à 200 Km de hauteur est égale à celle de l'H. On arrive à cette dernière notion de la manière suivante :

Les observations de la lumière bleue des couches du soleil de See indiquent qu'au-dessus de 204 Km, la proportion d'H diminue.

L'apparition des étoiles filantes vers 150 - 180 dans les cas extrêmes vers 200 Km montre qu'au dessous de ce niveau l'H forme la partie principale de l'atmosphère et que le géocoronium diminue.

De ce fait que dans le spectre des aurores boréales les raies de l'H ne sont jamais seules, on doit conclure que la couche ou ce gaz forme la partie principale est relativement mince: comme les raies de l'H apparaissent constamment les plus faibles, la teneur maxima doit rester considérablement au dessous de 100 %. Pour ces diverses raisons, il me semble plausible d'admettre qu'à une hauteur de 200 Km, l'atmosphère est composé pour moitié de géocoronium et pour moitié d'H. De la pression partielle ainsi acceptée, on déduit, connaissant le poids moléculaire, son augmentation jusqu'au sol et le pourcentage en volume à toutes les hauteurs qui est indiqué dans le tableau I.

On voit que cette deuxième variation dans la composition de l'air se produit beaucoup plus lentement que la première qui a lieu vers 70 Km. Et ce résultat est indépendant de nos suppositions numériques, comme il est aisé de le voir. Si par exemple on fait croître le poids moléculaire du géocoronium de 0 jusqu'à 1, la ligne de séparation (fig. 2) entre le géocoronium et l'H tourne autour d'un point fixe à 200 Km, à partir d'une position un peu plus inclinée que celle de la figure jusqu'à la verticale. Changeons maintenant la deuxième hypothèse et supposons que la teneur en géocoronium soit de 50 % à 300 Km par exemple au lieu de 200 Km, il en résulte une disposition presque pareille de la ligne tracée. Ainsi nous devons conclure : S'il existe un gaz plus léger que l'H, la teneur en H doit diminuer très lentement.

Comme, de cette manière, il y a encore du géocoronium à 60 Km, on comprend pourquoi on n'a jamais observé ou presque l'aurore boréale qui ne présente la raie principale. Comme d'après nos calculs une teneur d'environ 0,00088 % en volume sub géocoronium est présumable au sol, une démonstration directe n'est pas impossible. Mais on ne doit pas s'étonner qu'elle n'ait pas encore été faite quand on songe avec quelle difficulté on est parvenu à déceler la présence de l'H pour laquelle la teneur est beaucoup plus grande (0,0033 % en volume)

III - ANALOGIE AVEC L'ATMOSPHÈRE SOLAIRE

Par les considérations précédentes se trouve établie une analogie très étendue entre l'atmosphère terrestre et l'atmosphère

[illegible]

III — [illegible]

[illegible]

[illegible]

[illegible]

[illegible]

[illegible]

[illegible]

[illegible]

solaire. Cette dernière comporte ainsi sous forme de chromosphère une zône d'Hélimité de leur côtés. Le remarquable phénomène qui fait que dans le spectre d'abbord du soleil apparaît par le retournement des raies le groupe brillant des raies de l'Hélium tandis que ces mêmes raies d'absorption manquent a été expliquée par l'hypothèse que l'hélium ne se trouve en proportion suffisante pour fournir un spectre que dans une couche relativement mince à la base de la chromosphère; d'une manière tout à fait analogue se comportent les éléments de l'atmosphère terrestre, ainsi que nous l'avons établi uniquement par le calcul.

Mais, avant tout, nous voyons dans l'atmosphère solaire au dessus de l'atmosphère d'H un autre gaz probablement plus léger, le coronium dont le domaine très étendu, la couronne n'est visible que lors des éclipses totales. L'inertie de ce gaz est aussi extraordinairement faible, car on sait que les comètes 1680, 1843 I 1860 I, 1882 I et 1887 I ont traversé la couronne sans qu'une résistance ait été perçue, de même que les étoiles filantes traversent le géocoronium sans résistance et ne deviennent lumineuses que dans l'hydrogène.

De là à identifier le géocoronium avec le coronium, il n'y a qu'un pas. Mais on à fait remarquer que le spectre de la couronne était probablement différent du spectre des aurores boréales.

Abstraction faite d'un faible spectre continu qui provient de la lumière de la photosphère par réflexion, le spectre de la couronne est caractérisé par une raie verte dont la position est aisée généralement à 532,7 . Les déterminations sont ici aussi très incertaines: ainsi Lockyer, Campbell et d'autres trouvèrent seulement 530,3. On a souvent essayé de retrouver cette raie de coronium dans les gaz des roches. Ainsi Nasini, Anderlini et Salvadori trouvèrent plusieurs fois en analysant les produits volcaniques : gaz de solfatares, fumeroles du Vésuve, etc... une raie de 531,5 - 531,7 et conjecturèrent que c'était là raie du coronium. Liviang et Dewar liquéfièrent de l'air par l'H liquide et virent dans le reste non condensable les gaz les plus volatils de l'atmosphère. En dehors de nombreuses raies inconnues, une raie faible voisine de 530,4, tandis que la raie des aurores boréales 557 ne pouvait pas être remarquée. Si on ne veut pas renoncer tout à fait à la critique, on peut donc bien considérer la présence du coronium sur la terre comme non encore démontrée.

Je crois pour l'instant qu'il n'y a pas d'espoir d'arriver à un résultat dans la comparaison des spectres du coronium et du géocoronium tant qu'on n'en connaîtra avec certitude qu'une seule raie. Cependant, il est probablement injustifié de conclure de la différence des deux raies à la différence des gaz, d'autant plus que pour les aurores boréales il s'agit d'une lueur électrique tandis que pour la couronne du soleil il s'agit apparemment d'une lumière due à la chaleur. Il est suffisamment ~~éeuré~~ connu que tous les éléments fournissent plusieurs, parfois de nombreux spectres qui, pour des raisons inconnues, se remplacent l'un l'autre suivant les conditions d'investigation; en particulier les spectres d'arcs, les spectres d'étincelles, les spectres de flammes et les spectres de tubes de Geissler diffèrent en général les uns des autres. Nous avons justement utilisé ce fait que le maximum d'intensité peut passer d'une raie à une autre par le changement des conditions d'expérience. Qui est capable de dire si on doit s'attendre à obtenir le même spectre de la couronne solaire ou du géocoronium, même si ces deux gaz sont identiques ? Ainsi, si même on doit trouver une solution définitive de ce problème du spectre .... l'allure parallèle des phénomènes dans les atmosphères terrestre et solaire me paraît un argument suffisant pour pouvoir déclarer que leur identité est vraisemblable.

IV - LA LUMIÈRE ZODIACALE

Il est tentant de supposer que cette dernière couche de l'atmosphère, le géocoronium, est l'origine d'un nouvel arc crépusculaire et que cet arc crépusculaire est identique à la partie essentielle de la lumière zodiacale. Peshuel - Loesche termine sa description du crépuscule par ces mots : " la dernière lueur colorée du soir passe insensiblement au doux reflet d'argent de la lumière zodiacale " La forme pyramidale caractéristique sous laquelle cette lumière apparaît nécessiterait la supposition que la répartition des masses dans la sphère du géocoronium est irrégulière; mais ceci conduit justement à une nouvelle analogie avec l'atmosphère solaire car la couronne solaire elle aussi présente une répartition des masses très particulière et non encore expliquée.

Ceci se rapporte seulement au phénomène principal. Pour expliquer aussi le faible pont de lumière qui s'étend sur tout le ciel ainsi que le renforcement de la lueur à l'opposé du soleil, il faudrait admettre que l'espace interplanétaire est rempli de ce plus léger des gaz à un état de raréfaction des plus élevés et on arriverait (en supposant l'identité du géocoronium et du coronium) de cette manière à attribuer le phénomène total à une atmosphère de coronium appartenant au soleil, remplissant tout l'espace du système planétaire et dont la couronne solaire et le géocoronium ne seraient que des condensations locales.

On est indécis sur la part qu'il faut attribuer dans cette lueur à la lumière réfléchie sur les particules de matières solides qui se trouvent dans l'espace et auxquelles Seeliger fait même jouer le rôle principal. Mais les observations de Hampighi, Vogel et Wright montrent qu'il ne s'agit pas exclusivement de particules solides car la raie des aurores boréales se trouve dans le spectre de la lumière zodiacale. De même Brendel et Wiechart ont montré que la raie des aurores est observable partout la nuit en un point quelconque du ciel.

Si l'on part de l'exactitude de notre hypothèse, on est conduit facilement à des conséquences très étendues. Il se pose notamment la question de savoir si les atmosphères des différents corps célestes dans notre système solaire ne sont pas en équilibre entre eux suivant les lois des gaz. On pourrait les considérer comme des condensations locales d'une atmosphère solaire dilatée de sorte que pression et composition à la surface de chaque planète serait une simple fonction de la distance au soleil et de la gravité sur la planète. Naturellement ce théorème ne s'appliquerait qu'à des gaz qui ne seraient ni détruits ni créés. Comme cette condition n'est remplie exactement pour aucun, on ne doit attribuer qu'une valeur approximative au théorème.

Le développement de cette idée que Zollner et Rogowski ont commencé dépasserait le cadre de ce travail; j'espère pouvoir y revenir à un autre endroit.

- F I N -